AF341068

CONSIDÉRATIONS

SUR L'ÉTAT ACTUEL

DE

L'INDUSTRIE AGRICOLE

EN CORSE

PAR

Ant. PICCIONI

Vice-Président
de la Société d'Agriculture de la ville de Bastia.

BASTIA
DE LA TYPOGRAPHIE OLLAGNIER

1872

Partageant l'opinion de ceux qui envisagent l'amour du travail et le bon emploi du temps comme la plus noble des vocations, j'ai pensé faire chose utile à mon pays, en mettant sous les yeux du lecteur ces considérations succinctes sur l'état actuel de l'agriculture en Corse. J'estime, en effet, que les travaux des champs constituent, à la fois, l'occupation la plus utile, et l'emploi du temps le plus avantageux aux intérêts de mes compatriotes.

Ant. PICCIONI.

Bastia, 1870.

CONSIDÉRATIONS

SUR L'ÉTAT ACTUEL

DE L'INDUSTRIE AGRICOLE

en Corse (*)

L'on a fait observer avec raison qu'il n'est pas de question qui ait été si souvent traitée comme celle de l'agriculture en Corse. Cette juste remarque est une preuve évidente de la haute importance de ce grave sujet et un motif de plus pour nous engager à nous en occuper de nouveau. Nous ne rappellerons pas, à cette occasion, les remarquables travaux de MM. de Gasparin, Rendu, Richard, Buisson, de Casanova, Guyot, Vernet,

(*) Lues à la Société d'Agriculture de Bastia, dans la séance du 21 décembre 1871.

Limperani, Carlotti, Ottavj, et de tant d'autres amis de ce pays, parce que leurs ouvrages se trouvent entre les mains de la plupart de nos compatriotes. Mais nous nous contenterons de rappeler les points les plus intéressants qui touchent à l'état actuel de l'industrie agricole dans ce département.

I

ASSAINISSEMENT ET AMÉNAGEMENT DES EAUX.

Quand on se propose de développer le levier puissant de l'agriculture, dans une contrée aussi heureusement située que la Corse, il faut songer, avant tout, à en rendre l'air respirable le plus sain possible. Or, les terrains les plus fertiles de cette Ile sont encore infestés par la « malaria », fléau pernicieux pour tous ceux condamnés à vivre sous l'influence des miasmes paludéens de ses riches vallées et des vastes plaines qui des portes de Bastia s'étendent jusqu'à la ville de Bonifacio. C'est la conséquence, le triste bilan de douze siècles de guerres et d'invasions, plus ou moins barbares, depuis la chute de l'Empire Romain jusqu'à nos jours.

Nous devons donc nous occuper, d'abord, d'assainir ce grand et beau pays, en secondant de toutes nos forces les vues bienveillantes du Gouvernement généreux de la France.

La culture et l'assainissement du sol sont, en effet, deux points connexes d'un même problème; — ce sont deux choses fortement liées entr'elles, dans un but commun d'intérêt général et humanitaire. Or, ce qui constitue la plus grande richesse de la terre, dans les contrées du midi, c'est précisément la quantité d'eau dont on peut disposer en faveur de ses irrigations. Avec de la volonté et une bonne culture, nous rendrons donc, périodiquement, au sol, le menstrue fécondant, l'élément humide que les rayons du soleil et l'action des vents lui enlèvent de jour en jour, et, sans le bénéfice duquel il n'y a pas de culture possible nulle part. On compte à Bastia 62 jours de pluie par an, pendant lesquels il tombe 722 millimètres d'eau.

Nous empêcherons ainsi les eaux stagnantes, errantes ou vagabondes, les eaux indisciplinées et non assujeties à la volonté de l'homme, d'être, en Corse, la source inépuisable de la « malaria » et de tous les maux qu'elle entraîne à sa suite. Car, le même élément précieux qui, dans des conditions données, constitue la base essentielle de la richesse agricole d'une contrée, l'appauvrit, la rend stérile et déserte dans d'autres circonstances.

C'est là un des effets des grandes lois naturelles
qui président au régime économique de notre
globe; — lois auxquelles nulle région ne saurait se
soustraire ; — attendu que, partout où le désordre règne, il ne peut y avoir ni sécurité, ni bien-
être. Or, il s'agit ici d'un désordre considérable,
intervenu entre deux éléments essentiels : la terre
et l'eau. Discipliner donc, en Corse, les eaux de
ses sources et de ses torrents, y assujétir les eaux
de pluie, ce serait rendre ce pays à lui-même, à
sa fertilité naturelle; ce serait s'y rendre maître
de l'eau, ce puissant élément de prospérité, par les
canaux de dérivation, l'épuisement et le drainage ;
ce serait y mettre, en d'autres termes, l'industrie
agricole sur sa véritable base ; — ce serait rendre
à cette terre devenue improductive par les effluves
marécageux, toute la fertilité, toute la prospérité
dont elle est susceptible.

Ces principes posés nous trouverions aisément
parmi les nombreuses machines, dues à l'industrie
moderne, celles qui sont le plus applicables à l'assainissement, à la fertilisation de la Corse. Nous y
trouverions les machines les plus ingénieuses
d'épuisement soit qu'elles empruntent leur principe moteur à l'action des vents, comme en Hol-
lande, ou à l'action de la vapeur, et de la nature
de celles qui ont été employées, dans ces derniers
temps, à l'assainissement des terrains marécageux

de Casabianda. Ce qui ne pourrait être fait, à cet égard, par des particuliers isolés, pourrait être obtenu, par l'association de plusieurs, par l'action combinée de tous, des communes, des compagnies et de l'État. Car, il s'agit ici de la question la plus vitale, de l'avenir agricole de ce beau pays, de cette île éminemment française, tant disputée, jadis, par tous les peuples riverains de la Méditerranée. — Parmi les contrées que nous avons visitées, une des mieux arrosées, et, par conséquent, des plus productives, c'est la Lombardie, grâce aux canaux d'irrigation qui la traversent en tout sens, qui en constituent la beauté et la richesse. — Nous regrettons de devoir constater, à cette occasion, que les nécessités de la guerre aient fait supprimer un crédit de 170,000 francs affecté aux travaux d'assainissement de la plaine de la Casinca, en voie d'exécution en ce moment.

A côté de l'application des machines dont nous venons de faire mention, vient se placer, immédiatement, pour les terrains qu'il s'agit d'assainir et de cultiver, l'importante question du drainage. Il ne suffit pas, en effet, dans les terrains trop humides, d'épuiser les marais, d'y creuser des fossés d'écoulement, d'y ouvrir des canaux de dérivation, d'y pratiquer des colmatages ; mais il faut aussi y établir des canaux souterains, destinés à absorber l'humidité du sol, et à la porter dans les fossés d'écoulement, à l'aide de ces conduits artificiels (en terre cuite) qui sont à la terre végétale, ce que les capillaires artériels sont au corps humain.

Étant à Paris, en 1867, nous eûmes occasion de voir, dans le parc de l'Exposition Universelle, plusieurs machines à vapeur exclusivement consacrées à la confection de ces importants tuyaux, dont la mise en œuvre a déjà fait la fortune agricole de l'Ecosse, de l'Angleterre, de la Toscane, des États-Unis et de tous les terrains humides en possession du système des « drains ». Mais il n'est pas besoin d'aller si loin pour se procurer des machines propres à fabriquer des tuyaux de toutes dimensions et aux prix de revient les plus modérés ; car la Corse possède tous les matériaux nécessaires pour les fabriquer sur place et à bon marché.

II

Si l'on veut obtenir un heureux résultat, il ne suffit pas d'épuiser les marécages, de drainer les terrains humides et d'arroser ceux desséchés par un soleil ardent, il faut aussi défricher, il faut peupler les sommets des montagnes de forêts; les côteaux, de châtaigniers et d'oliviers; les parties plus basses, d'arbres fruitiers et de vignobles. — Il faut, enfin, garnir les plaines, de peupliers, de mûriers, d'eucalyptus et de platanes, dans la terre promise de l'arboriculture.

La Corse possède déjà de fort belles qualités de fruits, doux, jouteux et parfumés. Ils suffiraient à eux seuls pour fomenter la richesse de cette Ile, si nous les cultivions en assez grande quantité pour pouvoir les exporter, sur la plupart des marchés de l'Europe, à l'état de primeurs, de fruits verts, de fruits secs, de fruits confits ou à l'eau-de-vie.

Une des cultures les plus utiles de la Corse, est, à mon avis, celle du châtaignier. Cet arbre précieux offre tous les avantages; par ses fruits farineux, il fournit une substance alimentaire d'une grande importance; par son bois, la matière première de tous les travaux de charpente et de menuiserie. On l'a appelé, avec raison, *l'arbre à pain* des climats tempérés, comme les Landais appellent le pin *l'arbre d'or*. Ces deux comparaisons sont également vraies pour cette Ile. Et loin de partager l'opinion de ceux qui considéraient, jadis, le châtaignier comme une des causes de la pauvreté des insulaires, nous sommes d'avis que l'on ne plante pas assez, pour la richesse de ce pays, un arbre qui y vient à la perfection. — Nous ne saurions donc trop recommander à nos compatriotes cette intéressante culture destinée à remplacer une partie de nos anciens maquis.

L'exportation des châtaignes s'est élevée en 1866 à 521, 418 kilogrammes; en 1867 à 513, 838 kilogrammes. Cette quantité pourrait être aisément décuplée en activant les plantations de cet arbre providentiel.

Après la culture dont nous venons de parler,

une des industries agricoles, par excellence, c'est celle des espèces qui appartiennent à la riche et nombreuse famille des Hespéridées. — Nous n'avons pas besoin, à ce sujet, de recommander la culture du cédratier qui a pris, d'elle-même, en Corse, une extension considérable. L'exportation des cédrats, en 1866, a atteint le chiffre de 1,480, 130 kilogrammes.

La gelée a presque complétement anéanti, en 1868 et en 1869, les sujets de cette espèce ; l'oïdium a achevé l'œuvre de destruction de la gelée et la récolte de cette dernière année a été complétement nulle : l'exportation n'a pas dépassé 40,000 kilogrammes de cédrats. — En 1870, elle ne dépassera pas 500,000 kilogrammes. Il y aura, il est vrai, une petite compensation, dans les prix de vente sur place, à raison de 60 francs le quintal métrique ; mais la différence du prix ne compensera jamais le déchet énorme de la récolte et le dommage causé aux plantations de ce genre.

L'extension que tend à prendre cette culture, dans notre Ile, fait sentir de plus en plus la nécessité d'y établir des usines de fruits confits, dont l'influence serait considérable sur la culture des arbres fruitiers, en général, et sur le placement de leurs produits. Mais, si la culture du cédratier s'est profondément naturalisée dans toutes les Communes du littoral de la Corse, il n'en est pas tout à fait de même des orangers, des citronniers, des mandarins et des chinois, appartenants à la même famille. Cependant, ces espèces ont une grande importance et nous ne saurions assez les recommander à l'industrie agricole de nos concitoyens. Tout est précieux, en effet, dans ces arbres; les fleurs, les feuilles et l'écorce des fruits, par l'huile essentielle et les principes amers qu'elles contiennent; leur bois même est très recherché dans l'ébénisterie. Il faut donc profiter de tous les replis de terrains, abrités contre les vents, il faut mettre à profit toutes les sources d'eau, les moins importantes, pour les cultiver sur une plus large échelle. Mais, afin de pouvoir lutter avantageusement contre les produits similaires du continent, il faut avoir soin de se procurer les meilleures espèces, et les plus recherchées dans le commerce, comme : les orangers de Blidah et du Portugal, les citronniers de Gênes, de la Sicile, etc.

L'exportation des citrons s'est élevée en 1866 à 625,211 kilogrammes. Ces arbres ont subi ensuite, le sort des cédratiers, si fortement éprouvés par les gelées du mois de mars. Enfin, un arbre fruitier, également précieux pour la Corse, c'est l'amandier à coque tendre. L'on a exporté en 1867, 30,778 kilogrammes d'amandes. Cette quantité, relativement minime, par rapport aux facultés productives de notre sol, pourrait être aisément quintuplée, comme elle le sera dans peu d'années, d'après l'extension que tend à prendre cette culture.

Parmi les sujets qui nous ont le plus intéressés, en 1867, dans la nombreuse collection des arbres fruitiers de l'Exposition Universelle, nous signalerons les arbres nains. Ces utiles espèces conviennent, dans une île aussi exposée à l'action des vents que la nôtre, parce qu'elles peuvent être employées pour former des haies vives fort productives, sans occuper beaucoup d'espace. — Ces espèces étaient cultivées autrefois, en Corse, particulièrement les pommiers, les pruniers et les poiriers nains (1).

III

BÉTAIL. — FOURRAGES. — ENGRAIS.

———

Mais, pour faire de la bonne culture, il ne suffit pas de défricher et d'assainir, il faut surtout s'occuper soigneusement du bétail. Sans bétail suffisant et bien tenu, il n'est pas de culture possible. — Car, sans ce puissant auxiliaire, il ne peut y avoir de forces utiles applicables aux travaux des champs, point de fumiers, point de moyens de transport, point de viande de boucherie, point de ressources pour le cultivateur. Le bétail donne en outre le lait et la laine si utiles pour la nourriture et l'habillement de la famille. — Par le commerce, enfin, auquel il donne lieu, il procure l'argent indispensable pour faire face à une foule de besoins.

Afin de pouvoir élever le bétail d'une manière profitable et avantageuse, il faut se livrer avec intelligence à la culture fourragère ; celle-ci constitue, en même temps, une des meilleures méthodes d'assolement, la fumure la plus avantageuse de rotation pour la culture des céréales. Mais, pour cultiver, convenablement, les fourrages, il faut avoir des fumiers. La mesure de toute bonne culture est donc basée sur la condition des étables et des écuries de chaque exploitation agricole, à raison de deux têtes de gros bétail par hectare de terre labourable.

Nous sommes, malheureusement, forcés de constater que l'élève du bétail, en Corse, est une industrie encore trop arriérée et trop attardée pour pouvoir en espérer, de sitôt, un bon résultat en faveur de notre agriculture.

Afin de se convaincre de cette triste vérité, il n'y a qu'à jeter les yeux sur l'état de dépérissement dans lequel sont tombées les races insulaires : bovine, ovine et chevaline. On a songé, il est vrai, depuis un certain nombre d'années, à améliorer, par le croisement, la race chevaline ; l'on a fait même quelques progrès, à cet égard, dans la race bovine ; mais celle de nos moutons indigènes laisse encore beaucoup à désirer.

Il faudrait, cependant, bien peu de chose pour obvier à cette regrettable négligence.

A l'occasion de l'Exposition Universelle, le parc du Champ-de-Mars offrait les plus beaux échantillons de béliers et de brebis que l'on puisse désirer, soit à cause de la beauté de leur lainage, soit au point de vue de la qualité et de la quantité de la viande de boucherie que ces troupeaux peuvent rapporter. Mais, en admettant que le croisement de nos brebis indigènes avec la race mérine, par exemple, ne répondît pas à nos espérances, nous avons en Corse même, des béliers d'Afrique et des Maremmes Toscanes qui pourraient répondre parfaitement à ce double but : améliorer les qualités de la laine et augmenter la quantité de la viande de nos anciens troupeaux de moutons. Et ce ne serait pas trop prétendre, ma foi, au dix-neuvième siècle, que de reprendre, chez nous, les tentatives des patriarches du temps de Jacob ! — Nous avons été assurés que ces croisements entrepris dernièrement dans les bergeries de MM. Limperani et Gavini, ex-députés de la Corse, réussissent parfaitement.

Au point de vue de l'élève du bétail, une des variétés les plus intéressantes de la race bovine, c'est sans contredit la vache bretonne, déjà acclimatée dans notre pays de montagnes, si productive en lait et si facile à nourrir. Quant à nos vaches indigènes, si elles étaient un tant soit peu mieux nourries ; si elles pouvaient jouir des avantages d'une plus longue stabulation, de soins plus intelligents, il n'est pas douteux qu'elles gagneraient en vigueur, en poids, en lait, de façon à compenser largement les sacrifices de l'homme à leur égard. — Et nous n'aurions plus le triste spectacle de voir abattre, pour la consommation, un bétail épuisé, réduit à l'état de squelette ; ou des bêtes de traits attelées à des charrois, et qui par leur maigreur font d'autant plus mal au cœur, que, pour les faire marcher, on les assomme de coups.

Enfin parmi les animaux domestiques, nous signalons aux éleveurs de la Corse, les oiseaux de basse-cour, en général, comme très-productifs et très-avantageux. Ces derniers aussi exigent plus de soins et une meilleure nourriture pour pouvoir rapporter une plus grande quantité d'œufs et afin d'éviter de les présenter, sur nos tables, à l'état de consomption et de marasme.

En résumé, l'on ne peut pas cultiver la terre sans bétail ; pour élever convenablement le bétail, il faut se livrer assidûment à la culture des plantes, des racines et des graines fourragères. Mais, afin d'obtenir un bon rapport de ces plantes précieuses, il faut savoir apprécier l'industrie des engrais ; il faut apprendre à se procurer les meilleurs fumiers, en abondance et à bon marché ; car, c'est là un des principaux ressorts de toute exploitation agricole intelligente et rémunérative.

L'Exposition du Champ-de-Mars offrait à ce sujet une série considérable d'échantillons d'engrais et de très-bonnes méthodes pour se les procurer. Or, la Corse n'en produit pas mal; mais on ne les soigne pas assez. Afin de démontrer la triste vérité d'un fait aussi désavantageux pour les progrès de l'agriculture insulaire, il suffira de rappeler que la Ville de Bastia, foncièrement agricole, est encore obligée de dépenser près de 4,000 francs par an pour être débarrassée d'une partie de ses fumiers (sans que cela lui rapporte un centime), pendant que l'autre partie est entièrement perdue, même pour l'agriculture.

Nous ne saurions donc assez appeler l'attention de nos compatriotes sur cet important sujet ; nous ne pourrions assez leur recommander de bien soigner les fumiers des étables, de les multiplier et de ne pas en perdre la plus petite quantité, parce que les fumiers sont le « sel de la terre ». Rien n'est plus facile : multiplier les fosses, les hangars à fumiers ; construire des réservoirs à purin ; manipuler les fumiers des étables, des écuries, etc., en les mêlant avec les mauvaises herbes, les feuilles sèches, les algues, les cendres, la suie, les eaux de lessive, des éviers, etc., en assaisonnant le tout (par couches) avec les produits des réservoirs à purin, afin de pouvoir se procurer, par la fermentation, un engrais compacte et homogène propre à féconder les terrains les plus ingrats et les plus stériles. — Dans l'île de Puerto-Rico, nous avons vu féconder ainsi des landes incultes sur les bords de la mer (*b*).

IV

CHEMINS VICINAUX. — MAISONS OUVRIÈRES.

———

D'un autre côté, nous reconnaissons aussi qu'il ne suffit pas, en Corse, d'assainir, de cultiver, de reboiser ce magnifique pays ; il ne suffit pas d'y propager les racines, les graines, les plantes fourragères, d'y élever le bétail et d'y prendre soin des engrais.

Il faut encore y créer de nouvelles voies de communication, y établir des moyens de transport, aisés, rapides et à bon marché. Or, comme chacun sait, le département de la Corse manque encore des routes nécessaires et surtout de celles indispensables à toute bonne culture ; nous voulons parler des chemins de grande et de moyenne vicinalité, en faveur des exploitations agricoles, de cette terre de promission.

Il y a quinze ans environ, un homme fort intelligent et très-distingué de l'administration de la voirie urbaine (avec lequel j'ai eu l'honneur de me trouver en rapport), ayant été consulté sur les moyens les plus efficaces pour faire prospérer l'agriculture en Corse, répondit : « Il faut doter » cette île d'un réseau de chemins vicinaux. » Cet employé supérieur avait pleinement raison. C'est la logique des faits dans l'étude desquels nous n'avons pas à entrer pour le moment. Il nous suffira de noter que ce qu'il proposait pour la Corse fut appliqué, en 1868, à toute la France, par l'initiative de l'Empereur.

Afin d'atteindre ce but, essentiellement prati-que, surtout relativement à la Corse, cet employé distingué proposait d'inscrire au budget une somme de cinquante mille francs par an, affectés à cette destination pendant une période décennale. Il demandait que ce crédit fût exclusivement con-sacré aux travaux d'art : ponts, pontceaux, aque-ducs, murs de soutènement, banquettes, extrac-tion de rochers, etc., avisant que, pour les travaux d'ouverture et de terrassement, les populations intéressées pourraient achever leurs chemins-vicinaux d'elles-mêmes, moyennant l'emploi bien dirigé de leurs journées de prestation. — Un pro-

cédé si simple, répondait, en effet, aux vœux, aux
besoins, aux sacrifices des insulaires à ce sujet.
Car, il y a plus d'un demi-siècle que les Corses
payent l'impôt des journées de prestation (en
nature ou en argent) et le résultat obtenu a été
presque nul, jusqu'à l'administration de M. Géry.
— Si, cependant, l'on avait accordé aux insulaires, depuis quinze ans, les travaux d'art indispensables et une bonne direction, le réseau des
chemins vicinaux de cette nature eût été achevé
en Corse, depuis bien longtemps. Ce qui n'a pas
été fait dans le passé, le sera dans l'avenir.
Malheureusement nous devons noter qu'à cause
de l'état de guerre la somme de 300,000 francs a
été distraite en Corse, pour l'exercice de 1870,
de cet important service.

Pour développer l'industrie agricole, dans cette
île, une autre condition est nécessaire. Il faut
y appeler l'immigration des travailleurs et s'occuper de les attacher fortement au sol. Afin d'atteindre ce but, il s'agit de bâtir le nombre de maisons
ouvrières indispensables, pouvant contenir cha-
cune un, deux ou trois ménages. C'est encore
ici une question d'argent, dont on s'est un peu
trop exagéré l'importance, et devant laquelle ont
dû reculer les propriétaires de l'île.

Le Champ-de Mars nous a présenté aussi plusieurs modèles de ces maisons ouvrières, offrant

le confortable et le bon marché à la fois. Un des plus convenables pour la Corse était dû à l'initiative de S. M. l'Empereur des Français. Dans un pays comme le nôtre, les matériaux ne manquent point : la pierre à bâtir, la pierre à chaux, la pierre de taille, le sable, la terre argilleuse rouge propre à le remplacer, des bois de construction en abondance, la main d'œuvre à des prix raisonnables, nous permettront d'entrer dans cette féconde voie.

Nous engageons donc nos compatriotes à faire profiter notre pays des vues philanthropiques et économiques du Souverain, afin d'augmenter le nombre de bras indispensables à la fécondation du sol privilégié de la Corse.

V

Une des cultures les plus intéressantes de cette île, c'est la culture de la vigne. — Comme on a pu le constater, la Corse produit des vins qui peuvent lutter, par leur bouquet, leurs parties alcooliques et sucrées, avec les meilleurs crus du midi de l'Europe. — Si cette île ne produit pas de vins, encore plus fins et plus recherchés, cela ne peut pas tenir à la supériorité de ses raisins si doux et si parfumés. — Mais, bien plutôt aux procédés trop négligés et mis en usage, dans l'art de la vinification. Les procédés de la vinification sont pourtant bien simples et faciles à mettre en pratique. Ils peuvent se réduire à cinq principaux, et qui sont : le choix des raisins, le cuvage, le bon état des vases dans lesquels on se propose de conserver les vins, le collage, pour les dépouiller de toutes les parties hétérogènes qu'ils renferment, et enfin le douillage, pour les préserver de l'altération occasionnée par le contact de l'air.

Il est peu de viticulteurs, en Corse, qui ignorent ces règles élémentaires de l'industrie des vins, règles traditionnelles dans la famille insulaire. Cependant, nous devons constater qu'on en néglige trop souvent l'application au détriment de l'intérêt public et privé. Selon la qualité de vin que l'on se propose d'obtenir, on fait subir aux raisins choisis quelques apprêts, comme ceux qui consistent : à les déposer quelques jours, sur la paille ; à les égrainer avant de les fouler, etc., dans le but de les rendre plus doux, de diminuer leurs parties alcooliques et tannantes. Par ces procédés si simples, on obtient des vins fins d'une supériorité remarquable.

Afin d'activer la fermentation, de foncer les vins en couleur, on ajoute aussi au vin ordinaire des cuves, une certaine quantité de moût que l'on a fait préalablement bouillir dans une chaudière. D'après les expériences de M. Pasteur, si l'on pouvait soumettre ainsi tout le vin à une température de 60° centigrades, pour détruire tous les germes de fermentation qu'il renferme, ce serait le meilleur moyen de le conserver sans altération.

Enfin, quand on veut obtenir des vins mousseux, il suffit de les passer au filtre, en les tirant des cuves, à les mettre ensuite dans des bouteilles à verre renforcé, à les boucher hermétiquement et à les ficeler.

Les viticulteurs de la Corse, condamnés, par la bonté de leur climat, à ne récolter que d'excellents raisins, sont obligés par cela même, de soigner davantage leurs vins. — C'est aussi à cause de cette circonstance, que l'île de Corse ne peut guère produire que des vins fins et, par conséquent, plus sujets que les autres, à se piquer, à fermenter, à s'altérer, toutes les fois qu'ils n'ont pas été cuvés avec soin, bien dépouillés et conservés.

Tandis que, lorsqu'on a procédé avec l'attention convenable, ces mêmes vins supportent avantageusement la mer, se bonifient en voyageant, et ils deviennent meilleurs à mesure qu'ils avancent en âge. Préparés dans ces conditions, les vins insulaires pourront donc lutter, sans crainte, avec les meilleurs crus de la Grèce, de l'Italie, de l'Espagne et du Portugal.

Au xvie siècle, le commerce des vins de cette île florissait avec l'Italie et surtout avec Rome, où ces vins étaient recherchés et estimés parmi les meilleurs connus à cette époque. Ce fait de notoriété publique, consigné dans plusieurs documents de famille (en Corse), se trouve gravé dans les voûtes du Vatican (à Rome), à côté de la carte géographique de cette île, peinte à fresque par le P. Danti et formulé en ces termes : *Vina quæ in mensis Principum haud in postremis delitiis habentur.*

Et, il y a 40 ans à peine, que les vins cuits de la Corse étaient encore préférés aux vins doux de Malaga, dans tous les pays du Nord de l'Europe. Le discrédit dans lequel sont tombés ces derniers, par la suite, a été dû aux frélatations que le commerce y avait introduites, en les mélangeant à toute sorte de mauvais vins et même à de l'eau salée !... Enfin, la preuve de la supériorité de nos raisins, nous la trouvons encore dans le nombre de navires étrangers qui viennent, annuellement, les acheter, sur nos côtes, pour les exporter en Italie.

Quand le département de la Corse récoltera tous les raisins dont il est susceptible, il pourra faire cuire de nouveau ou distiller une partie de ses vins pour les transformer en alcool. Il y a, en effet, peu de raisins dans le midi de l'Europe, qui renferment autant de principes alcooliques que les raisins de cette île privilégiée. C'est au point que, les vins vieux ordinaires de ce pays, chauffés à un certain degré au-dessous de l'ébullition, s'enflamment spontanément en les approchant du feu, comme du rhum ou de l'eau-de-vie. L'industrie de la distillation pourra donc devenir, pour les habitants de la Corse, une source précieuse de prospérité. — Et, pour le dire en passant, cette industrie pourra s'étendre à la distillation de nos fleurs parfumées, de nos plantes aromatiques pour obtenir ces essences recherchées qui font une des branches de l'industrie agricole et de la richesse de la Sicile.

La culture de la vigne a également besoin de subir, chez nous, des modifications considérables. — Nous devons renoncer, par exemple, aux procédés de plantation ancienne, au moyen de fosses étroites, longitudinales et profondes, impropres même pour y enterrer des morts et tout-à-fait contraires aux lois de la végétation et aux habitudes de la vigne que nous cultivons, pour adopter les méthodes nouvelles ; parce que, ces méthodes sont moins coûteuses et parce qu'elles permettent de récolter le raisin quatre ans plus tôt, ainsi que M. Ottavj le fait observer dans sa brochure « Sur le présent et l'avenir de l'agri- » culture en Corse ».

Pour bien planter la vigne, il suffira donc de défoncer le terrain à quarante-cinq centimètres et de planter à vingt-cinq ou à trente centimètres de profondeur, en espaçant les ceps d'une façon convenable. On évitera ainsi une grande perte de temps, il faudra une dépense moindre, et en taillant la vigne plus courte l'on évitera la dépense des tuteurs qui est très-considérable. Je regrette de devoir constater que la routine (dans certaines localités) ait fait retarder un progrès si avantageux. Mais, je rappellerai toujours avec plaisir la démonstration contraire, donnée au Cap-Corse, par un mulet, entré furtivement dans une vigne : ce nouveau maître, ès-viticulture, tailla , avec ses dents affamées, quelques vieux ceps de vigne d'une façon si courte et si près de terre que l'on réputa les plants, ainsi traités, à jamais perdus. Cependant tout le contraire eut lieu. Jamais vigne ne mit des pousses plus vigoureuses, et, l'année suivante, elle donna de nombreux et beaux raisins, au grand étonnement de tous les viticulteurs du pays. Cela prouve tout simplement une chose : c'est que, non-seulement nous avons oublié l'art de fabriquer les vins, mais même les procédés agricoles de nos pères à ce sujet.

Enfin, pour pouvoir planter, avec avantage, il faut faire un bon choix des cépages nouveaux à introduire en Corse. Parmi ceux-ci, les raisins noirs, en général, méritent la préférence, parce qu'ils nous serviront à colorer nos vins ordinaires, à les rendre meilleurs et plus légers. Le Médoc, le Bourgogne et surtout l'Alicante prospèrent admirablement dans cette île et sont d'un bon rapport.

Ce que nous venons de dire des vins, nous pourrions le dire de l'huile d'olive. Les huiles comestibles de ce département sont, en effet, avantageusement connues, dans les pays étrangers ; et quand on a voulu sé donner la peine de les soigner, elles ont été trouvées, dans la capitale même, dignes de soutenir la concurrence avec celles de l'Italie et de la Provence. Malheureusement, nous n'avons su que discréditer, nous-mêmes, la bonté de nos produits. Si les insulaires voulaient donc s'occuper de la fabrication des huiles comestibles, ils y trouveraient un avantage considérable : quelques soins accordés à la cueillette des olives ; la façon de les moudre et de les presser ; enfin la manière de conserver l'huile et de la clarifier seront largement compensées par la différence de prix qui existe, entre l'huile comestible et l'huile à brûler ; et nous ferons remarquer, à cette occasion, que l'on a fait payer l'huile de sésame à raison de 1 fr. 50 cent. le kilogramme pendant l'abondante cueillette de 1869.

Nous ne saurions trop recommander, en même temps, à nos compatriotes de tirer leurs plants, de préférence, des pépinières de la Provence et de la Toscane, comme aussi de se servir de ces espèces d'oliviers pour greffer leurs sauvageons indigènes. Car leurs olives sont plus saines, plus volumineuses; elles mûrissent plus tôt; la cueillette se fait pendant l'automne et elles sont moins exposées, par conséquent, à tous les accidents résultant des intempéries de l'hiver. L'exportation d'huile en 1865 s'est élevée à 2,707,336 kilogrammes. Cette quantité peut être considérée comme une bonne moyenne. En 1869, elle a atteint le chiffre de 5,317,338 kilogrammes.

Par la comparaison de ces chiffres il sera facile d'évaluer la quantité d'huile que cette Ile pourrait produire, si l'on s'y appliquait davantage à la culture de l'olivier; si les insulaires s'attachaient à multiplier cet arbre précieux, à le soigner, à l'élaguer tous les ans, à le cultiver, à le fumer, au moins, tous les trois ans, ainsi que cela se pratique sur le continent (c).

VI

CÉRÉALES, CULTURE FORESTIÈRE.

Dans une contrée où les pluies sont si rares, depuis la fin de l'hiver jusqu'aux premiers mois de l'automne, la culture des céréales, en général, offre peu de chances de succès, principalement dans la plupart des pays montagneux de la Corse. — On peut en dire autant de la culture des plantes textiles, du maïs et des légumineuses. C'est pourquoi la culture de ces dernières, comme celle des graminées, ne peut guère convenir, dans ce département, si ce n'est à titre de culture de rotation et afin de pouvoir l'alterner, avec les prairies naturelles ou artificielles, avec les plantes, les racines et les cultures fourragères, destinées à l'élève et à l'engrais du bétail, sur lequel repose, aujourd'hui, la véritable richesse du sol. — Ceux qui accusent, à la légère, nos compatriotes de fainéantise, à ce sujet, ignorent complétement la sécheresse persistante à laquelle nous sommes condamnés et qui constitue, pendant la belle saison, une des plus grandes calamités de ce pays !

Cette fâcheuse circonstance devrait engager davantage les Corses à repeupler leurs nombreuses montagnes de forêts et à les défendre, ensuite, avec beaucoup plus de vigilance, contre les incendies qui les dévorent, périodiquement, d'année en année. — Car ces incendies dévastateurs font, en somme, plus de mal à ce pays, que la sécheresse même qu'ils tendent à augmenter et à perpétuer. Il est, généralement, reconnu, en effet, que les incendies de forêts et ceux des maquis, si communs en Corse, tendent sous bien des rapports à augmenter, à entretenir la sécheresse qui désole et appauvrit de plus en plus cette île, en stérilisant ses fertiles campagnes. Car, les forêts modifient, par leur puissante barrière, la direction des vents ; elles attirent, par leur masse végétale, les nuages ; elles arrêtent, par leurs racines, les eaux pluviales et préviennent ainsi les inondations ; elles conservent au sol, la fraîcheur nécessaire ; elles alimentent les sources et les maintiennent encore assez abondantes pendant les mois de l'été et les premiers mois de l'automne.

Il y a donc, pour les insulaires, tout avantage à se livrer à la culture forestière, au point de vue de la richesse et de l'hygiène publiques, des pluies et des irrigations indispensables pour toutes les cultures, sans exception. La Corse se prête merveilleusement à ce genre d'industrie agricole, et il n'est, peut-être, pas de pays au monde, où le reboisement soit plus facile, parce qu'il est dans la nature du sol, généralement schisteux, de l'Ile. L'air humide et tempéré de nos belles nuits d'été, leurs rosées abondantes y contribuent sans doute aussi. Les forêts de pins et, plus particulièrement, celles de chênes et de châtaigniers donnent, en outre, une litière très riche en principes fécondants, propres à augmenter les engrais nécessaires pour cultiver avantageusement le blé et se procurer de bonnes récoltes. Car un des principes fondamentaux de la culture de toutes les céréales, en général, consiste à semer de bonne heure et à fumer convenablement le sol. Nous ferons observer, à cet égard, avec regret, que, différemment à la pratique de toutes les contrées agricoles de l'Europe, l'on ne fume presque pas en Corse le sol destiné aux céréales. Cependant nous avons vu fumer annuellement la terre de labour, dans l'antique Campanie, qui, moyennant ce soin, donne trois récoltes successives par an. Les végétaux ont été considérés de tout temps comme les véritables auxiliaires de l'homme sur la terre *(auxilium de sancto)*, et ce n'est pas sans raison que les Druides et tous les peuples de l'antiquité vénéraient les forêts comme consacrées au culte de la divinité. Rien n'est plus imposant, en effet, que ces dômes de verdure dont les temples gothiques en général et le dôme de Milan en particulier, ne sont qu'une pâle et froide imitation. Tous nos maquis se prêtent merveilleusement à la culture forestière. — Il suffit, quand on les coupe, de donner au sol un léger sarclage, d'y répandre la graine ou les glands que l'on veut y propager et de les recouvrir ensuite. En coupant, après, le maquis, tous les cinq ans, on obtient bientôt une double rangée végétale superposée. Parmi les arbres forestiers indigènes, les plus intéressants de cette Ile, nous trouvons le pin laryx et le chêne-liége. Le premier, indépendamment de son bois, si avantageux pour toutes les constructions navales, en particulier, donne les résines, le goudron, la thérébentine, etc. Le second donne le liége. On a exporté, en 1866, 550,000 mètres cubes de bois et 460,000 kilogrammes de liége; 884,000 kilogrammes de charbon; 108,000 kilogrammes d'écorce à tan ; et 350,000 kilogrammes de résine goudron, etc., en chiffres ronds.

Il y a une quarantaine d'années à peine, qu'on brûlait, en Corse, les forêts de chênes-liége pour

en extraire la potasse, tandis qu'aujourd'hui on
cultive soigneusement cet arbre précieux pour les
produits avantageux de son écorce. Le chêne-
liége croît avantageusement dans la plaine comme
à la montagne.

Nous ne saurions donc trop recommander cette
culture à nos compatriotes comme une des plus
productives. Le liége devient, en effet, de plus en
plus recherché, dans le commerce, à cause de
l'extension que l'industrie manufacturière donne
de jour en jour à son usage. Employé, déjà, dans
une foule variée d'appareils de sauvetage, le
temps n'est peut-être pas bien éloigné où il sera
utilisé pour l'habillement des hommes, à la mer,
afin de les préserver contre l'humidité et de les
rendre moins submersibles.

Parmi les arbres forestiers exotiques et qui
pourraient être avantageusement importés en
Corse, nous signalerons l'arbre majestueux de la
Nouvelle-Hollande, « l'Eucalyptus globulus » ;
arbre précieux à tant de titres, mais surtout à
cause de ses propriétés balsamiques, antipériodi-
ques, pectorales et hygiéniques. — Nous signalerons, également, le chêne-truffier, dont la riche
culture, conseillée d'abord par M. Auguste Rous-
seau, de Carpentras, a pris dans ces derniers
temps une grande importance sur le continent.
L'on a, en effet, de la peine à comprendre, com-

ment il peut se faire que, dans un pays aussi boisé que le nôtre, dont les plantes sont si aromatiques et les fruits si parfumés, — dans le pays des fraises et des champignons non cultivés, — nous ne puissions nous procurer des truffes indigènes aussi délicieuses que celles que l'on tire à grands frais du continent! Nous estimons, d'un autre côté, que l'introduction de la culture et la propagation des truffes, aussi bien que la culture si aisée des fraises, pourraient donner anx propriétaires de bois un revenu assez considérable.

En résumé, nous ne saurions séparer la culture des céréales, en Corse, de la culture forestière, par les raisons que nous venons d'indiquer. Reboiser les montagnes, soigner les forêts, c'est donc assurer le succès, en même temps, de la culture des graminées, des légumineuses et des plantes textiles, dans une contrée désolée par la sécheresse, dans un pays si longtemps méconnu, mais pourtant d'une rare fécondité, et destiné à atteindre une richesse agricole peu commune, par l'industrie de l'homme.

VII

Nous terminerons cette courte revue, sur l'état actuel de l'industrie agricole dans cette île, en disant un mot de la sériciculture et de l'apiculture insulaires. Après ce que M. Limperani (ancien député) a écrit sur la première; et M. Ottavj (professeur d'agriculture) a écrit sur la seconde, il ne reste plus autre chose à faire qu'à recommander à nos compatriotes de consulter à ce sujet les traités de ces maîtres consommés en cette matière.

Nous nous bornerons donc à rappeler que l'industrie séricicole est encore loin d'avoir fait, en

Corse, les progrès qu'elle est destinée à y faire par la douceur et la beauté de son climat exceptionnel, si propre à l'éducation des vers-à-soie. Frappé de cette circonstance avantageuse, le gouvernement de Louis XV, à l'exemple de celui de Gênes, encouragea, dans cette île, les plantations et le développement de la culture du mûrier. Et, au commencement de ce siècle, nous avons vu élever ces précieux annélides (lépidoptères) dans la plupart des ménages du littoral.

Dans chaque famille, on faisait éclore alors la quantité de graine qu'on se proposait d'élever, en raison de la feuille dont on pouvait disposer. Et, dans toutes les communes, il y avait un nombre suffisant de moulins à bras, propres à évider la soie des cocons, qui étaient le résultat de la récolte. Nous pouvons ajouter que les soies grèges de la Corse étaient très-recherchées, à cette époque, par les premières fabriques de Lyon, à cause de leur qualité supérieure, attribuée à la finesse, au luisant et surtout à la résistance de leurs fils, sous l'action des machines destinées à les mettre en œuvre.

Mais, depuis l'apparition de la maladie des vers-à-soie et l'introduction de la culture du cédratier, nous avons eu le regret de constater que les populations du littoral ont cédé trop vite au découragement général qui s'est emparé de tous ceux qui s'occupaient annuellement de cette riche industrie. Beaucoup de mûriers ont été coupés, les éducations de vers-à-soie presque complètement abandonnées, les moulins supprimés, au point qu'il ne reste plus de cette industrie domestique, dans la plupart des ménages, que le souvenir. — L'industrie de la soie grège a presque totalement disparu, et l'on s'est borné à faire de la graine pour la livrer au commerce. La graine de ce département, au milieu de la maladie générale qui sévit encore dans toute l'Europe, a joui de la réputation de rester, pendant un certain temps, plus ou moins indemne à l'épidémie qui a atteint les vers-à-soie comme la plupart des plantes. Cette graine, en effet, a donné lieu à des éducations plus ou moins avantageuses, soit en Corse soit sur le continent. Les meilleures éducations ont été faites avec la graine de Mme Roccaserra de Portovecchio. La graine de cette provenance se payait communément à raison de 30 francs l'once ou 1 franc le gramme, presqu'au poids de l'or.

Cette circonstance a tenu sans doute à des conditions locales, mais elle tient aussi aux soins qu'on apporte dans l'éducation des vers-à-soie, dont nous avons presque oublié l'industrie.

Ainsi : le choix de la feuille, l'alimentation, le local, l'aération, la température, l'état météorologique de l'atmosphère ; l'état des cocons, leur choix, celui de la graine, elle-même, sont des soins dont dépendent en grande partie les succès obtenus au milieu du désarroi général. En effet, les cocons trop faibles et mous, qui n'ont pas atteint un parfait développement, la graine dont le germe a avorté ou n'a pas été fécondé, celle enfin dont le germe est malade, ne peuvent donner lieu à aucun bon résultat. Il est facile de s'assurer de la bonne qualité des cocons à leur résistance et à leur poids, comme il est facile de juger de la bonté de la graine par son volume et sa couleur. La graine trop petite, est une graine avortée, celle tachetée de blanc, quoiqu'ayant atteint le développement normal, renferme un germe malade.

Pour obtenir donc une bonne éducation, il faut faire, un choix judicieux, d'abord, des cocons destinés à éclore et ensuite des papillons qui en sont le produit; il faut enfin faire un choix rigoureux de la graine ou des œufs que ces derniers ont pondus.

En conséquence, et malgré l'état fâcheux de la maladie dont nous venons de parler, nous n'en persistons pas moins à regretter, dans l'intérêt de notre pays, la négligence que nos compatriotes ont portée dans cette précieuse industrie de nos pères ; et nous recommandons de toutes nos forces la propagation et la culture du mûrier, comme celle d'un arbre précieux pour la richesse de cette île.

Ce.que nous venons de dire de la sériciculture peut s'appliquer jusqu'à un certain point à l'industrie de l'apiculture. La Corse produisait, en effet, autrefois, des quantités considérables de cire et de miel. C'était le beau temps de l'éducation des abeilles.

Sous la République Romaine, cette industrie constituait une des principales richesses de l'île. L'histoire ancienne a consigné dans ses annales jusqu'à quel point les insulaires avaient porté la culture de ces utiles hyménoptères. « J'ai vu une » terre, écrivait un historien, où le lait coule avec » le miel. » Cette terre était la Corse. La Corse est, en effet, la patrie des abeilles. On les retrouve encore dans les fentes de ses rochers et dans les creux de ses arbres séculaires, à l'état de nature.

La culture des abeilles n'a fait que décliner, depuis, d'année en année, et nous devons, malheureusement, constater de nos jours, sa complète décadence. Nous avons, cependant, la conviction que cette industrie reprendra son ancienne importance à mesure que les insulaires mettront à profit les méthodes nouvelles d'éducation et qu'ils écouteront les sages conseils de M. Ottavj, à cet égard, dans le pays des plantes et des fleurs aromatiques par excellence.

« *La Corsica potrebbe, infatti,* » dit notre savant compatriote, « *inondare di miele e di cera* » *la Francia e l'Italia e crearsi così un immenso* » *reddito.* »

APPENDICE

En publiant ces considérations générales, sur l'état actuel de notre industrie agricole insulaire, mon but a été celui d'appeler l'attention de mes compatriotes sur cet important sujet. J'ai toujours pensé, en effet, que la Corse ne pouvait prospérer et se développer que de deux manières : par les armements maritimes et par la culture du sol. Je n'ai pas prétendu, pour cela, entrer dans les détails de la science agronomique, réservant ce soin aux hommes spéciaux.

Cependant, afin de satisfaire aux désirs exprimés par des amis de mon pays, j'ajouterai à ce qui précède les observations suivantes :

(a) ARBORICULTURE. — Parmi les plantes cultivées qu'offre la Corse aux soins intelligents des arboriculteurs, il y a notre figuier indigène (*ficus carica*) vulgairement appelé *pinzaluto*, dont les fruits délicats, blancs, sucrés, tendres et charnus n'ont pas de supérieurs dans le commerce, soit à l'état frais, soit à l'état sec.

Voici comment M. Meloni s'exprime à ce sujet :

« A Brindisi, seulement, on a exporté, en 1869, mille huit
» cents quintaux de figues sèches..... Ce produit est si riche
» que, même à Brindisi, l'olivier ne l'égale jamais, et bien
» rarement dans les pays où cet arbre est mieux cultivé. »

IL COLTIVATORE.

Nos figues sèches de première qualité se vendent sur place dans les lieux de production, à raison de 1 fr. le kilog. Quand elles sont bien conditionnées, en petites boîtes, elles se vendent au détail, dans les grandes villes du continent, à raison de 3 fr. le kilog.

Disons encore, après cela, que nous appartenons à un pays pauvre ! Pauvre, soit, lorsqu'on ne veut pas se donner la peine de le cultiver ! — Mais riche en réalité. *E pur si muove !*

Un arbre également précieux, et aussi naturalisé que le premier, dans cette île privilégiée, c'est le prunier (Reine Claude blanche) qui se reproduit pour ainsi dire de lui-même par les pousses verticales qui jaillissent de ses racines rampantes. Comme le figuier, il rapporte, annuellement, des fruits en abondance : doux, juteux, parfumés, délicieux, et qui, à l'état frais ou à l'état sec, valent les meilleurs pruneaux du monde. Les reines claudes sèches se vendent également dans les centres de production, à raison de 1 fr. le kilog.

Les fabricants de cédrats confits se plaignent habituelle-ment de l'élévation de prix que ces fruits, si précieux, ont atteint dans ces dernières années. La plainte est fondée, mais cette élévation même est loin d'être aussi utile aux producteurs qu'on le croit généralement.

Les consommateurs ne se figurent pas, en effet, tous les fléaux auxquels la culture du cédratier est sujette en Corse. — La sécheresse désespérante de l'été, les gelées fréquentes de l'hiver, la violence constante des vents, l'oïdium noir (fumagine) l'oïdium cendré (le même que celui de la vigne), enfin l'invasion d'un insecte nouveau, sont autant de fléaux qui atteignent, chez nous, cette plante exotique, dont les fruits surpassent en parfum et en fermeté tous les produits similaires des autres contrées : Asie, Europe, Amérique etc. — Ce fait est si vrai que, malgré l'extension donnée à sa culture depuis dix ans, la production est loin d'augmenter proportionnellement !

Exemple: On s'attendait, de part et d'autre, en 1871, à un rendement certain d'un million de kilogrammes de cédrats ; tandis qu'il atteindra à peine 500,000 kilogrammes.

Ainsi, l'insecte qui attaque les amandiers, pour y déposer ses œufs, et qui fait périr ces arbres par le gemmage ; le même insecte peut-être qui attaque quelquefois les cerisiers, plus particulièrement les jeunes oliviers et presque toujours les olives, attaque, maintenant, le cédratier et ses produits. — L'arbre atteint, se couvre de gomme et dépérit à vue d'œil, pendant que la partie charnue de ses fruits se remplit de vers !

L'expérience a indiqué, comme le meilleur moyen de combattre cette nouvelle maladie, le badigeonnage de toute la plante, avec un lait de chaux, assez chargé, fait avec de l'eau douce, ou de l'eau de mer et de la chaux vive.

(b) STABULATION. — Il serait presque oiseux de parler de la stabulation, en général, dans un siècle de lumières comme le nôtre. — Cependant, je consentirai, volontiers, à dire un mot de la stabulation des moutons, en particulier. Hélas ! je dois le reconnaître, nous traitons encore les troupeaux de brebis, comme si nous n'avions aucune idée des lois de l'hygiène auxquelles ces utiles animaux sont assujétis, et l'on peut presque dire que la véritable stabulation n'existe pas, dans cette île, pour la race ovine.

Fort mal nourris, en effet, ces fidèles amis de l'homme y sont encore plus mal logés. Et si, par malheur, les neiges de l'hiver dérobent, pendant plus de vingt-quatre heures, leur maigre pâture des champs, heureux les troupeaux qui auront quelques brins de paille ou de mauvais foin sec à brouter dans l'étable ! Cependant, ce n'est pas ainsi qu'il faudrait agir quand on prétend élever des moutons et entretenir des troupeaux.

En pareil cas, la première et la plus importante installation consiste dans une bonne étable : haute, dégagée, spacieuse, bétonnée, propre, bien aérée, où la litière ne manque point, afin de pouvoir la nettoyer soigneusement, tous les jours, et dans laquelle les urines ne séjournent jamais. Malheureusement, au lieu de ces indispensables installations, nous possédons, pour nos pauvres troupeaux, des espèces d'étouffoirs asphyxiants *(mandre)* propres à rendre infirmes tous les sujets condamnés à y vivre.

Les maladies auxquelles nos troupeaux sont sujets, l'odeur désagréable qui constitue le bouquet spécial de la viande de nos moutons indigènes, tiennent, presqu'exclusivement, à la malpropreté de l'étable et à l'air corrompu qu'ils y respirent pendant toute l'année.

Tandis que, moyennant de bonnes conditions de logement, de nourriture, de croisement, on peut obtenir de la race ovine tout ce qu'elle peut donner. C'est ainsi du moins, que M. Breza (que j'ai eu l'honneur de connaître, en 1838, dans les bergeries royales de Maisons-Alfort), pouvait produire, à son gré, toutes les variétés de laine que nos fabricants de Mulhouse lui demandaient, et qu'il pouvait prédire, d'avance, le poids de ses agnelles, en raison de la nourriture, des soins et des croisements employés.

La véritable stabulation ne consiste donc pas, seulement, dans le confortable et la propreté de l'étable ; mais aussi dans la science de l'alimentation journalière, car la nourriture intelligente du bétail est une véritable science.

Ainsi, les moutons ne devraient jamais aller aux champs avant d'avoir été abreuvés, avoir eu leur ration de foin, de racines, de farineux, suivant les saisons et leurs besoins alimentaires, attendu qu'on ne saurait assez varier leur nourriture.

Ils devraient être, tous les soirs, convenablement approvisionnés, avoir leurs petites mangeoires garnies, d'une façon économique et nutritive. Et, de cette façon, même sans avoir recours au croisement, nous verrions nos troupeaux changer d'aspect, doubler leurs produits soit en laine, soit en lait, soit en viande. Je ne parle pas du fumier qui de la sorte serait décuplé, tandis que par les procédés actuels, il est presque complètement perdu pour l'agriculture. En général nous ignorons même l'art de faire parquer ces animaux en plein champ pendant la bonne saison, comme on le fait en France, en Angleterre, etc.

. (c) TAILLE DE LA VIGNE. — D'une manière générale, dans un pays où la végétation est si luxuriante, il résulte de l'observation pratique, qu'il faut être sobre de trop dépouiller les arbres fruitiers, afin de ne pas s'exposer à les voir périr ou à faire une longue maladie. — Ceci est d'autant plus vrai, qu'il s'agit de branches plus considérables, et qui ont une action importante sur la végétation et le travail absorbant des racines.

En ce qui concerne plus spécialement la vigne, le même principe me semble vrai et, jusqu'à un certain point, applicable selon la nature des différents cépages ; mais cela ne veut pas dire qu'il puisse y avoir un avantage réel à tailler la vigne trop longue, comme on le pratique en Toscane, par exemple, pour les *tralciaje*, ou, en Corse, dans ce que nous appelons les vignes *palaje*. Car une vigne, proprement dite, n'est pas une *treille*, et, quelle que soit la qualité du cep auquel on a affaire, il y a intérêt à tailler court, à deux, trois et quatre bourgeons au plus, le sarment producteur, en ayant soin toutefois de conserver un courson de réserve, le plus près de terre possible, afin de pouvoir lui sacrifier à propos, dans les ceps à longs coursons, tout le bois inutile. C'est du moins ainsi que procédaient nos pères, lorsque la vigne était largement cultivée dans cette île.

N'est-ce pas, en effet, un préjugé nouveau de croire que les bourgeons les plus éloignés du tronc soient toujours ceux qui portent plus de raisins? Les bourgeons les plus féconds, les plus productifs, ne sont-ils pas ceux, au contraire, qui reçoivent les sucs les plus abondants et les mieux élaborés ? Une preuve de cette vérité, c'est que, sur les plants de Gênovèse, de Malvoisie et d'autres de ce genre, cultivés en Corse, nous voyons, quelquefois, les raisins naître de pousses adventives, implantées sur le vieux bois de la vigne ; et il n'est pas rare de voir le second bourgeon d'un courson producteur donner abondamment du raisin, pendant que le troisième reste infécond, improductif, ne donne ni vigne, ni raisin, se dessèche et meurt absorbé par la vigueur du bourgeon qui le précède.

Dans l'intérêt donc de la bonne culture, quand la vigne est vigoureuse et robuste, il est préférable de lui laisser plusieurs coursons courts qu'un petit nombre de sarments taillés trop longs. Les premiers conservent le cep ; les seconds l'épuisent sans utilité. Dans cette méthode naturelle de tailler la vigne, nous trouvons tous les avantages : économie de travail, de terrain, d'échalas, raisins plus beaux, supérieurs en qualité, mieux exposés à l'action solaire, plus abrités contre l'action des vents et des gelées tardives.

Non loin de Londres (à Hampton Court Palace) j'ai pu admirer une magnifique trèille, en serre-chaude, dont le cep unique occupait, par ses nombreuses ramifications, plus d'un are de superficie. Soigneusement et royalement cultivé, il donnait, en 1845, pour la table de S. M. la Reine d'Angleterre, d'excellents raisins. — Le hasard me permit d'en goûter. Mais, j'ai vu aussi, sous les régions tropicales, de magnifiques treilles, donner un bien fade raisin, relativement parlant. C'est que, dans ces derniers cas, les sucs végétaux ne s'élaboraient pas aussi bien. Cependant la chaleur naturelle ne manquait pas. — Ces treilles donnaient près de trois récoltes par an ; les coursons producteurs se trouvaient trop éloignés des racines, pendant que les rayons solaires n'arrivaient pas jusqu'aux grappes ensevelies dans un épais feuillage.